KB264441

문현아, 2년 전 반려묘 모야, 호야와의 이야기를 담은 '매일매일 사랑해'를 출간했다. 몇 달 전까진 아이돌이라는 타이틀 아래 있었으나 현재 소소하게 글을 쓰고 여행하며, 담고 싶었던 사진으로 조금 더 나를 표현하려고 한다. 그렇게 글을 쓰고, 사진을 찍고, 노래를 부른다. 인생, 이것저것 하고싶은 거 하면서, 다양하고 재밌고 빠듯했던 20대도 끝났는데 뭐. 인스타그램_moongom119. 트위터_moongom119.

sweet remedy

향기로운 치유

스위트 리메디

SWEET REMEDY

향 기 로 운　　치 유

스위트 리메디

Auntie Moon　　문현아

RBBOOKS

기분이 전혀 즐겁지가 않았다.
이것저것 짐을 꾸리는 과정도,
상공 위에서 하늘을 보는 것도,

새로운 곳으로 떠나는 설렘을 부추겨도
마음속 무거운 추가
자꾸 아래로 당기는 것만 같았다.

오랜 시간 몸담았던 걸그룹이라는
타이틀을 내려놓게 되었다.
내 20대의 많은 시간을 차지했던 세월을 뒤로하고
이제 다른 환경을 받아들이며 나만의 방식으로
또 살아가야 한다.

이전과는 다른 여행길에
복잡한 마음을 한 보따리 들고
비행기에 몸을 실었다.

과연 나는 찾고자 하는 걸 찾을 수 있을까?

반대
차로를
보며

돌아오는
길의

나를
어렴풋이
상상해 본다.

시간을
건너

나는
무엇을
담고
올는지.

Heading To Incheon Airport, Seoul

여행의 시초

내 여행의 시초는 이렇다.

학생 시절 항상 붙어 다니던 친구가 있었다.

반장에다가 같은 '문' 씨 라는 이유로

아빠도 참 좋아하던 친구였다.

고등학교 졸업 후 각자의 꿈을 향해 대학진학을 하면서

우리는 더는 같은 반이 아니었고

몰래 담장을 뛰어넘어 떡볶이를 사 먹던

철없던 시절은 회상할 추억으로 남겨야 했다.

그 해 기다리던 방학이 찾아왔다.

그 친구와 다시 만나 그간의 얘기를 할 생각에

많이 들떠 있었다.

오랜만에 만난 그녀의 소식은

20살이 되자마자 시작한 아르바이트의 월급을 받아

유럽 배낭여행을 떠난다는 것이었다.

우리가 좋아하던 해리포터의 성을 보고 온다고!!!!

나는 적잖이 충격을 받았다.

하루도 빠짐없이 아르바이트한 돈을

차곡차곡 모아서 다른 나라에 한 달을 여행할 수 있다는 것,

월급을 받으면 학비에, 과제비에
이것저것 그날그날 쓰기 바쁜 나에게
새로운 경제적 관념의 눈을 떠주게 한 계기가 되었다.

여유가 있어 여행을 가는 것이 아니고
여유를 갖기 위해 여행을 떠나는 것,
잘 지내고 있던 울타리 안을 떠나
새로운 세계에 부딪힐 용기가 있어야 한다는것.

열심히 모아서 열심히 떠난다.
그렇게 나에겐 다른 세계가 열렸다.

P.M 9

시간탐험대

출발 후 9시간을 하늘에 떠 있었다. 그러나
내가 도착한 시각은 출발한 지 19시간 전으로 역행해 있었다.
돈데크만(만화:시간탐험대)의 주인공이 된 기분이었다.

비몽사몽, 우여곡절 끝에 숙소 도착. 하늘을 올려다보니 올해 유난히 더웠던 한국의 햇빛보다 열 배는 더 뜨거운 햇볕이 나를 맞이하고 있었다.

AIR BNB를 통해 알게 된 이곳의 집주인은 하와이 거주 10년 차인 프랑스 사람이다. 초등학교에서 바이올린을 가르친다고 한다. 음악을 한다는 공통점에 나도 모르게 마음이 놓인다. 아니, 음악을 한다기보단 좋아하는 공통분야가 있다 보니 몇 마디의 대화도 반갑게 느껴지는 듯했다. 집안은 군더더기 없이 깔끔했고, 미셸(michel)은 굉장히 젠틀(gentle)했다. 시작이 왠지 좋다.

GET SOME COFFEE FIRST 잠깐의 낮잠을 자고 난 후 와이키키 바다를 돌아볼 예정이었다. 하지만 시차적응의 실패로 거의 6시간을 내리 자 버렸고, 정신이 들 때쯤엔 이미 하루가 다 지나가버린 상태였다. 분명, 시작이 좋다고 생각했는데, 에이, 아무렴 어때. 일단 커피 먼저, 이제야 조금씩 실감이 난다. 나는 지금 하와이다. ALOHA!

IHOP

하와이에서의 첫 아침, 숙소 근처에 아침 식사를 하기에 적합한 식당을 찾았다. 팬케이크에 버터와 시럽을 듬뿍, 진한 향의 아메리카노와 신선한 샐러드를 기대하며! 안내해준 테이블에 앉아 메뉴를 살펴본 후, 방금 물을 따라주고 간 직원에게 주문하려고 하자 자신은 버스보이라며 웨이터가 금방 와 주문을 받을 것이라 하였다. 버스보이? 내가 알고 있는 그 철자 bus를 말하는 건가? 뒤이어 온 웨이터에게 주문한 뒤, 궁금증을 이기지 못하고 busboy에 대해 물어봤더니, 홀서빙 업무를 웨이터와 버스보이가 보는데 웨이터는 주문을 받거나 테이블의 전체적인 관리, 손님의 편의를 신경 쓰고, 버스보이는 손님이 오면 기본 세팅, 손님이 마실 물과 빈 접시 등을 관리 하고 손님이 떠난 후에는 테이블을 치우는 업무를 한다고 한다. 미국 식당엔 이렇게 보통 버스보이가 있다고 하는데, 너무 귀여운 명칭인 것 같다. busboy! 어렸을 때 아르바이트 했던 경험과는 달리 처음 접한 문화가 굉장히 생소하게 느껴졌다. 그리고 주문한 음식의 어마어마한 양에도. Yummy! @IHOP

Hawaii♥Kawaii 하와이에는 일본사람이 많다고 들었다. 실제로 오하우에는 일본인을 마주치는 일이 미국사람을 마주치는 일보다 많았고, 곳곳에 일본의 감성이 묻어나는 상점들도 많았다. 이곳은 젊은 백인 여자가 운영하는 예쁜 옷 가게, 하와이♥카와이!

Hawaii ♥ Kawaii
이렇게 라임이 잘 맞다니.

서핑의 나라 하와이!

스팸 무스비 중간 중간 허기진 배를 채워준 스팸 무스비, 하와이에 가면 꼭 스팸 무스비를 먹어보라던 친구의 말이 기억났다. 이리저리 돌아다니기 바쁜 여행객에게 이만한 요깃거리가 없다. 스팸 무스비를 파는 맛집들이 많이 있으나, 곳곳에 편의점에도 많이 팔고 있으므로 맛집을 찾아보는 건 과감하게 패스! 스팸과 밥의 조화인데 맛이 없을 리가 있나.

72번 국도로 길을 떠난다.

72

경리단 길이 지금의 모습을 하기 전,
조용하고 사람 사는 냄새가 나던 때에,
그곳에서
한 드라마 작가님의 주최로 만들어진
스터디 그룹에 들어가 작가 수업을 한 적이 있다.

구성원이 다양했다.
작가, 배우, 조각가, 포토그래퍼,
그리고 세상 물정 모르는 나.

어느 날은
'사랑에 대해 자기만의 정의를 내리자.'라는 수업을 했는데,
각자가 생각하는 많은 답변이 쏟아져 나왔다.
행복, 배려, 가족, 추상적인 얘기들까지.
그중 작가님의 말이 크게 와 닿았던 것 같다.

"사랑은! 본질은 똑같되, 그 형태가 변하는 것"
'아!'

물론 사랑이란 것은 쉽게 정의를
내릴 수 있는 것이 아니지만,

어린 나이에 와 닿았던 사랑의 정의는
많은 형태로 변해가면서 사는 데, 이해를 도왔다.
가끔 나 자신을 사랑하는 것 까지,
LOVE.

아주아주 키가 큰 야자수

스노우쿨링의 천국

@Hanaumma Bay

Standing infront of the Nature

대자연 앞에 서는 일이 좋은 것은, 과거와 미래를 엮는 고민과 걱정이 한낱 작은 일에 불과하며,
내가 집중해야 하는 일을 하는 것이 지금의 옳은 길이다. 라는 답을 얻을 수 있기 때문이지 않을까?

세상살이 고민과
자연 앞에서 순리를 찾는 일은
무한 반복된다.

조화 자연스러워, 사람 사이에 이렇게 멀뚱히 있어도.

WARNING
WAVES BREAK
ON LEDGE
HAZARDOUS
CONDITIONS
not go beyond
this point

STOP
ONE WAY

도전

큰 파도에 휩쓸리면
목숨이 위태로울 때도 있다.
그러나
그들은 도전을 멈추지 않는다.

작은 파도를 마스터하면
조금 더 큰 파도를,
눈앞에 마주하기 무서운
거대한 파도까지,

하나의 문제를 해결하면
또 하나의 문제를 해결해야 하는
인생사와 같다.

아슬아슬하게 앉아 있는 이곳은 kalanianaole Hwy를 따라가다 보면 나오는 경치 보기 좋은 View Point! 처음 보는 자연 앞에 많은 사람이 한참을 머물다 간다.

산 정상을 보기가 어렵다.

구름이 지나가다 산머리에 자주 걸린다.

▶ 'On Our Way' by lana del rey

무한고속도로

한바탕
신나는 무대를 하고 내려오면
팬들과의 짧은 인사를 마치고
차에 올라탄다.

화려하게 빛내주던 액세서리를 풀고,
프리한 티셔츠로 갈아입고,

끊이지 않는
고속도로의 풍경을 보고 있자면,
이따금
깊은 생각에 빠질 때가 있다.

무대 위에 내가 나인지,
지금의 내가 나인지,

극도의 행복함을 느껴서일까
뒤따라오는 불안감은
아주 가끔,
나를 작아지게 하곤 했다.

오하우에서 빅아일랜드로.

하와이로

떠나오기 전

이곳에서

굉장히

찐한

경험을

할 것 같은

예감이

들었다.

하와이에서 국내선을 타야 하는 경우
생각보다 많이 서두르는 게 좋다.
처음 가보는 곳이고 환경은 어떠할지 모르나
국내선이니까 오래 걸리진 않겠다 싶어
넉넉잡아 2시간을 생각하고 출발한 나는
비행기를 놓치고 말았다.

호놀룰루 공항에 도착하는 순간 ‘아, 나는 틀렸다.’ 싶었다. 다양한 인종의 사람들이 몰려있었고 여기저기 줄이 길어 대체 어디가 시작이고 어디가 끝인지, 이 줄이 나를 빅아일랜드로 데려가 주는 게 맞는 건지 정신이 하나도 없었다. 그 와중에 절차를 다 마치고 안내해주는 줄로 따라갔다.

빅아일랜드행 비행기가 뜨기 20분 전인데 보안 검색대의 줄이 공항 밖까지 이어져 있었고 발을 동동 구르는 사람들이 보이기 시작했다. 불안한 마음으로 앞쪽에 있는 안내직원에게 ‘지금 이 상황이 어떻게 된 거냐’라고 물었다. 그녀의 대답은 ‘여기 있는 사람 절반이 비행기를 놓칠 거야.’라는 대답을 하며 쿨하게 웃어 보였다. … 아 그렇구나.

사람은 희망을 쉽게 놓지 않는다. 반드시 버저비트급의 아찔한 순간으로 나는 비행기를 탈 것이다! 앞에 있는 힙합 소울 가득한 외국인 남자가 발을 동동 구르고 계속 ‘OH MY GOD’을 반복적으로 중얼거리고 있다. 혹시 같은 비행기냐 물었더니 같은 비행기였고 이제 우리는 같이 발을 동동 구르며 보안 검색대에 다다랐다. 외국인 남자는 보안검색을 하다 벗은 신발을 대충 꾸겨 신으며 자기가 빨리 뛰어가서 비행기를 잡아놓겠다고 말하고는 주변 사람들의 ‘Go, Go, Run.!’ 등의 응원을 받으며 뛰어갔다.

뒤이어 나도 신발을 신는 둥 마는 둥 조금 서둘러준 듯한 보안검색대의 직원에게 ‘땡큐’를 외치며 뛰기 시작하는데, 게이트가 어딘지 보이지가 않는다. 아 2분 남았는데, 사람들에게 물어 게이트를 찾았고 그쪽으로 미친 듯이 뛰기 시작했다. 그러나 게이트로 들어가려면 반대방향 출입구에서 들어가야 한다는 것, 눈앞에 두고 돌아가야 한다니! 비행기가 떠난다는 안내방송이 나왔고 그렇게 나는 비행기를 놓쳤다. 비행기 잡아준다는 그 힙합 외국인 남자가 결국엔 마지막 탑승자로 떠나버렸다.

망연자실 얼굴이 다 무너진 채로 다른 비행기를 예약해야 하는지 안내원에게 물어보자, 그런 일이 다분하다는 식의 말을 건네며 ‘40분 후에 KONA’로 향하는 다른 비행기가 있다. 너처럼 늦어서 비행기를 놓치게 되는 다른 손님이 있다면 그 비행기를 타고 갈 수 있다’고 했다. 40분 동안 스타벅스 샌드위치를 우걱우걱 먹으며 ‘정말 죄송한데, 저처럼 늦어주세요. 정말 미안합니다.’라고 하늘에 기도했다. 그리고 나는 40분 후 출발하는 비행기를 타고 무사히 KONA에 도착할 수 있었다.

HI, BIG ISLAND!

인셉션인가, 인터스텔라 그 중간 어디쯤 세계인 것만 같았다.

뒤를 보면 커다란 산이, 앞에는 끝없는 바다가 있었다.

흘러간다. 바람을 타고 물길을 따라 흘러 간다.
헝클어진 머리를 뒤로 쓸어 넘기는 척 눈물을 닦네.

▶ '흘러간다' by 이한철

기억의 장소 여기는 꼭 기억해야지 했던 곳엔 많은 것들이 남는다.
내리쬐는 태양 아래 시원한 파도 소리, 따뜻한 바람 냄새, 그들의 웃는 얼굴과 알 수 없는 울컥함 등

▶ 'CHEERS' BY RIHANNA

We are Talking about Deer in Water JJ.
한 인디언의 이름이다.
'JJ Deer In Water'
'물속의 사슴, JJ'
인디언의 이름이 얼마나
쿨한가에 대한 토론이 끝나지 않았다.

YIELD
DRIVE-THRU

Hi, Josiah. zzz

캡틴 쿡을 따라 도착한 곳은
며칠 동안 같이 지낼
아이들의 할머님댁,

최종 목적지인
James' House에 가기 전
먼저, 학교가 끝나고
할머니 댁에 있던 아이들을
픽업해야 한다.

반가운 인사와
소란스러운 대화가 오가는 와중에도
거실에서 꿀잠을 자는
조사야의 모습이
왠지 모르게
익숙하다.

눈에 보이는 익숙한 풍경에
낯선 환경이 주는 어색함은
금세 사그라들었다.

첫 만남이 포근했다.

LAVA TUBE

AUNTIE MOON, LOOK!!
There's a Lava tube in the back yard!!

타이리 할머니 집 뒷마당에
Lava tube가 있다며
어서 보러 가자고 타이리가 재촉을 한다.
뒷마당으로 돌아가 보니
풀 속에 살짝 가려진 동굴 같은 것이 보였다.
이 동굴이 바로 Lava Tube!
용암이 흐르던 길을 얘기했다.

라바 튜브로 인해 자연수로가 생겨서
물난리 걱정은 없다고 한다.
가까이서 보기 무서울 정도로 깊어보였지만
타이리의 아빠 JAMES는 어렸을 때
이곳을 종종 탐험했다고 한다.
한참 길을 가다보면
다른 집의 소리가 들리기도 했다고,

이어 타이리와 조사야까지
이곳은 집안 대대로 이어져 내려오는
공용놀이터이자 탐험 장소가 되었다.

BYE, GRANDMA.

PURPLE SKY 간단하게 장을 보러 온 곳의 하늘이 보랏빛으로 물들고 있었다.
하루에도 몇 번씩 바뀌는 하늘빛을 볼 수 있다.

Hawaiian Sea
Turtles
2017 CALENDAR
HAWAI'I
HAWAIIAN WAVES
2017 CALENDAR
PEPPERONI
Beef
Stick

Welcome to James' House

관계

강아지,
고양이
그리고
사람의
관계.

강아지는
다가와
친근함을
표시하고

고양이는
적당한
거리를
두며

서로를
인정한다.

Hi, Josiah!

Hi, Moon!

James' House의 막내
조사야,

저 멀리서 온
Asian Auntie Moon이
신기한 조사야.

기분 좋은 인사였지?

오늘의 미션 :
Auntie Moon에게 집 안내하기.

조사야는 나에게
집안 세탁실까지 보여줬다.
빨랫감이 한가득 쌓여있었던 게
조사야를 조금
당황하게 한 것 같았지만,

뭐 어때, 괜찮아.
나는 우리집 인줄 알았어.

여기나 저기나
사는 건 다 똑같다.

I'm Scooby!

I'm a Good Guard Dog!

좀처럼 다가오지 않는 녀석들,
나도 집에 '모야', '호야'라는
고양이가 두 마리나 있어.

James가 해준 바비큐 치킨에 밥, 옥수수 그리고 롱보드맥주.

소소하지만 풍족하게 먹었고,

하와이에서 보냈던 그간 밤중에 가장 달콤한 잠을 잔 날이었다.

GOOD NIGHT.

Good Morning!

스쿠비!
우리 산책 나가 볼까?
안내해 줄꺼지?
멍멍

Scooby dooby do.!

타이리와 조사야가 학교 가고 없는 오전엔

Scooby와 함께 했다.

James' House 입구엔 이렇게 날것의 자연이 있다.

scooby! 날 버리고 먼저 가면 어떻게 해!

미국은 각 주(state) 마다 그 주(state)의 이름을 번호판에 새기고
그곳의 특색을 살려 차량 번호판에 그림으로 표현을 한다고 한다.
하와이는 무지개가 그려져 있다.

Footprints

"Walk a little slower daddy",
said a child so small.
"I'm following in your
footsteps and I
don't want to fall.

Sometimes your steps are
very fast, Sometimes they're
hard to see; So walk a little
slower, Daddy,
For you are leading me.

Someday when I'm all
grown up, You're what I
want to be; Then I will have
a little child,
Who'll want to follow me.

And I would want to
lead just right, And know
that I was true; So,
walk a little slower, Daddy,
For I must follow you."

Love,
Jayda

To The World's Greatest Dad,
"Happy Father's Day".
I Love You,

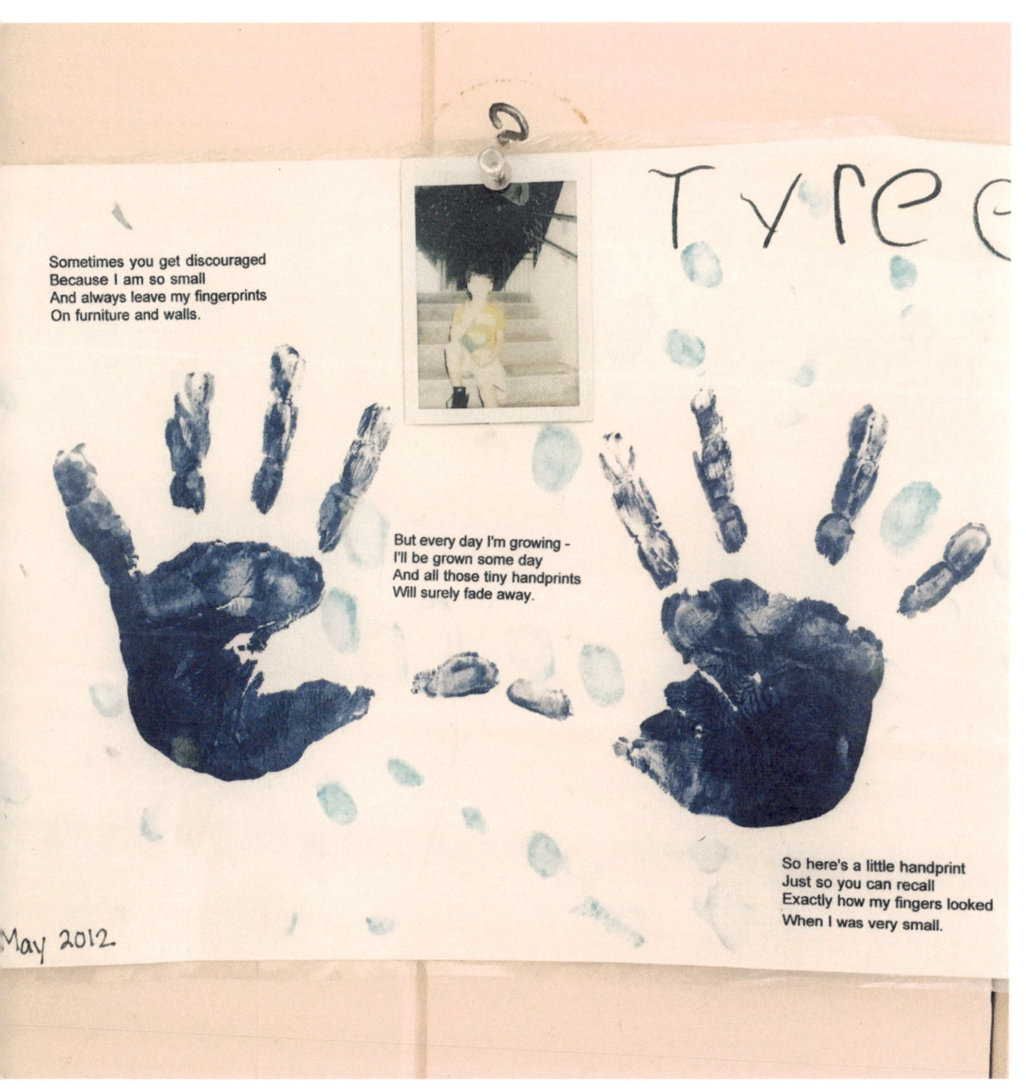

So here's a little handprint

Just so you can recall

Exactly how my fingers looked

When I was very small.

내가 남긴 손바닥 자국은 어디 있더라?

그 조그맣던 손은 언제 이렇게 커진 걸까.

James' House의 Three Little Birds,
첫째 딸 Jayda, 둘째 아들 Tyree, 막내 Josiah
어렸을 적 Bob Marley의 Three Little Birds를 즐겨 듣던 James는
노래가 현실이 되었다며 아이들에게서 힘을 얻는다고 한다.

Three Little Birds

—Bob Marley

Don't worry about a thing

'Cause every little thing gonna be all right.

Singin': "Don't worry about a thing

'Cause every little thing gonna be all right!

Rise up this mornin'

Smiled with the risin' sun

Three little birds

Pitch by my doorstep

Singin' sweet songs

Of melodies pure and true

Sayin', "This is my message to you—ou—ou"

Singin': "Don't worry 'bout a thing

'Cause every little thing gonna be all right."

Singin': "Don't worry (don't worry) 'bout a thing

'Cause every little thing gonna be all right!"

Rise up this mornin'

Smiled with the risin' sun

Three little birds

Pitch by my doorstep

Singin' sweet songs

Of melodies pure and true

Sayin', "This is my message to you—ou—ou:"

Singin': "Don't worry about a thing, worry about a thing, oh!

Every little thing gonna be all right. Don't worry!"

Singin': "Don't worry about a thing" – I won't worry!

"'Cause every little thing gonna be all right."

Singin': "Don't worry about a thing

'Cause every little thing gonna be all right" – I won't worry!

Singin': "Don't worry about a thing

'Cause every little thing gonna be all right."

Singin': "Don't worry about a thing, oh no!

'Cause every little thing gonna be all right!

ANNIE'S
ENTRANCE
11 - 8pm

@Annie' Burgers

MANGO COURT
KONA'S OWN FINE FOODS AND CAFE
お土産
ROCCO'S PIZZA PUB
Pizza - Beer - Aloha
79-7460

RESERVED
PARKING
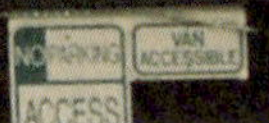
ATM
NO PARKING
ACCESS
VAN
ACCESSIBLE

이곳의 아이들은 일찍부터
경제적 독립을 위해 아르바이트를 시작한다.

나도 아르바이트를 한참 하던 때가 있었다.
전단 돌리기, 횟집, 닭갈비집,
패스트푸드점 할아버지 탈 쓰고 전단지 나눠주기, 홍대 클럽 바,
설문조사 컬렉터, 커피 체인점, 피팅모델 겸 막내디자이너 등.
언제 이렇게 많이 했는지도 모르게 참 다양하게도 했다.
몇 개월 한 아르바이트부터 단기아르바이트까지,
때로는 친구와 몰려다니며 일하고
때로는 혼자 묵묵하게 일을 했다.

아르바이트를 해보고 싶다고
부모님께 말씀드렸을 때
아빠는 심하게 반대를 하셨지만,
나중엔 크게 별말씀을 안 하셨다.
딸의 경제적 독립을 빨리 인정하신 듯했다.

집 밖을 나서면 어린 시절의 내가 있다.
지하철 입구에서 광고전단을 나눠주는 사람부터,
커피 한 잔을 사기 위해 들른 커피숍까지.

건네는 전단지를 한 번 받아 주는 일,
다 먹은 커피잔을 카운터에 가져다주는 일,
인형의 탈을 쓴 아르바이트생에게 어린 시절의
판타지를 핑계로 괴롭히지 않는 일.

다음 단계를 위해 묵묵히 자기 일을 하는 사람들에게,
그들이 배워가는 세상에 힘을 보탤 수 있는 일이다.

책으로는 배울 수 없는 세상이 있다.
일에 지쳐 있을 즈음엔 어린 마음에
여유롭지 못한 환경을 탓하기도 했다.

지금 생각하면, 아르바이트생 시절은
내 어린 시절 중에 가장 큰 선물이 아니었나 싶다.
이해와 공감 속에 조금씩 마음의 여유가 생기는 것은
잘 견딘 자에게 주는 보너스가 아닐까

언제나 응원한다. 일찍이 사회와 맞서는 젊은 용사들을!

SCHOOL BUS
EMERGENCY DOOR
ZCV 870
H159

77 141

Michael Buble'의 노래가 흘러나오던 집

시간은 천천히 흐른다

바닷가 앞에서 석양을 즐기고 있는
중년 부부가 보인다.
아주머니는 파도 소리를 배경으로 책을 읽고
아저씨는 먼발치를 보다가 가끔 담배를 피운다.
그러다 둘이서 도란도란 얘기도 하고,

도시에서의 삶은 너무 빠르게 지나간다.
내가 사는 곳은 특히나
차가 조금이라도 늦게 출발하면
빵빵거리는 소리가 여기저기서 들릴 만큼
시간적 여유가 없다.
모든 것이 빨리빨리,

나 또한 내게 주어진 시간을 끊임없이 재촉하곤 했다.
정해놓은 시간보다 늦게 일어난다거나
해놓아야 하는 일을 미루는 일이 생겼을 땐
자책에 빠질 때가 많았다.

무엇으로부터 그렇게 쫓기고 있던 걸까?
내가 다다르고자 하는 곳은 대체 어디 길래,
쉬는 시간을 불편해하며 달렸던 걸까?
도도새의 도태 됨이 무서웠던 걸까?
천천히 달리는 것도 연습이 필요하다,
템포를 늦춰서 천천히,
20대와는 달리 나만의 시간을 조절하는데
아주 조금은 익숙해졌다고 생각한다.
급하지 않게, 체하지 않게
속도를 줄이는 일을 계속해서 수련한다.

바닷가 앞의 중년 부부를 보며 또 한 번 느낀다.
마음 급하지 않게, 천천히,

하와이는 밤 11시 이후에 술을 팔지 않는다. 그래서 그런지 밤이 고요하다.
나에게 필요한건 광란의 밤이 아니었기에, 이런 룰이 오히려 편하게 다가왔다.
술파티를 열고 싶다면 11시 전 미리미리 술을 사두어야 한다.

천국의 바다

한참을 넋 놓고 바라보았다.
태양 빛에 반사된 에메럴드 바다 빛,
천국의 해변은 이런 느낌일까?
잠깐 생각에 잠겨있는 찰나,

저 멀리서 다큐멘터리에서만 듣던 고래 소리가 들린다.
웅장하고 또렷한 소리에 두리번두리번하며 고래를 찾아보는데 ,
파도를 기다리며 서핑을 즐기던
한 무리의 아이들이 키득키득하며 웃는다.
고래 소리의 출처는 현지 아이들이 내는 소리였다.
자기들끼리 누가 더 고래 소리를 잘 내는지 장난을 치고 있었다.

바다를 울리는 아이들의 소리와 웃음소리에서
하와이만큼 강한 현지 아이들의 기운이 느껴졌고,
자연과의 친밀함을 느낄 수 있었다.

내가 본 느낌이 맞는 듯했다.
분명, 천국의 해변은 이런 느낌일 것이다.

I LOVE HUMPBACK WHALE

고래를 좋아한다.
그중에서도 혹등고래.

유치원생 시절 비가 오거나 혹은 비가 온 후 생기는
물웅덩이를 밟고 지나가는 걸 좋아했다.
엄마는 매번 옷이 더러워진다고 잔소리를 하셨다.
이상하게 잔소리로는 쉽게 고쳐지는 습관들이 없다.

여전히 물웅덩이를 첨벙첨벙하며 다녔는데,
어느 날 막내삼촌이

"해나야 ~ 그 안에 고래가 산다니까, 자꾸 그러면 고래가 잡아간다."
(현아라는 발음이 사투리와 섞여 '해나'가 된다)

"삼촌, 거짓말."

이후로 나는 너무나도 뻔한 거짓말인 걸 알면서도
괜스레 물웅덩이를 지나갈 때 마다 고래나 상어가 튀어나올까 경계를 했다.

초등학생 시절,
마이클 잭슨이 OST를 불러 더욱 화제가 된 영화 '프리윌리'가 나왔다.
영화 속 범고래와 12살 소년 제시가 보여주는 케미는 어마어마했다.
말로 표현할 수 없는 부푼 감정들을 일깨워주었다.
자유의 상징이었던 범고래 '윌리'는 영화가 끝난 후 다시 현실로 돌아가야만 했다.

원래 이름은 '케이코'
영화 속 이야기처럼 윌리가 방파제를 넘어 자유를 얻은 것이 아닌,
다시 수족관으로 돌아간 사실을 알게 된 많은 어린이는
'케이코를 풀어줘요'라는 시위를 하기 시작했고
점점 더 많은 사람과 기관들이 이에 동참했다.
그렇게 케이코는 수족관으로 잡혀 온 지 십몇 년 만에 고향에 돌아갈 수 있었다.
케이코가 야생으로 돌아갈 수 있도록 적응 훈련을 하는데
전문가들이 붙어 끊임없이 노력했지만
안타깝게도 케이코는 야생으로 돌아간 지 5년 만에 죽었다.
많은 아이와 어른들이 이 일을 슬퍼했던 걸 기억한다.
그 때의 내 감정도 생생하게 남아있다.

그렇게 학창시절을 넘어 지금까지
고래에 대한 다큐멘터리는 거의 다 보고 자랐다.
고래는 어느 순간 나만의 세계로 들어와 있었고,
지금은 발목에 내가 좋아하는 혹등고래를 타투로 새겼다.

단순히 좋아하는 의미에서 새긴 것이 아닌
지금은 멀어져 버린 나의 어린 시절을 기억할 수 있도록.

▶ 'Will you be there' BY Michael Jackson.

타투를 하고 나서 아빠한테 말할 용기가 도무지 나질 않았다.
일단 엄마랑 동생이랑 이렇게 세 식구만 아는 거로,
어느 날 여수로 소환이 되었고, 타투를 한 걸 깜빡한 나는
양말을 신지 않고 집안을 돌아다니다가 제대로 걸리고 말았다.

"너 문신했냐?"
"아니, 펜으로 그렸어."
"부모가 준 몸을 함부로 지져싸코 잘한다 아주!"
"아빠, 이건 내 신념이야! 나의 자아를 더 확립시켜줄 신념이라고."
"부모가 준 몸을 허락도 없이 가시나가, 아빠 젊었을 때 아무리 놀러 다니고 했어도
문신은 안 했어 이 가시나야 ~ 너는 불효자식이야 불효자식."
"아빠는 할머니 할아버지가 준 몸을 맨날 담배 피우면서 상하게 하자나!
아빠가 불효자식이야!"
"…?"
"아니. 그 뜻이 아니라"

뜻하지 않게 아빠한테 '자식'이라고 말하는 바람에 조금 더 혼이 났지만
그 정도로 마무리 된 걸 감사하게 생각한다.

부모님이 주신 소중한 몸에 새겨진 다른 세 개의 타투는
차근차근 오픈 하는 거로 하자.

조금 더 깊은 곳에서 큰 파도를 기다리는 서퍼들,

@노을이 지는 Magic Sand Beach,

Stars Falling Down,
바람에 보냈던 나의 멜로디
I Just Can't Let It Go
지금 이 순간 이 밤의 Galaxy
아직 The Night Is Young
흘러가는 시간
우리를 위한
Star For You
오직 너를 위한
이 밤을 위한,

멋쟁이 신사 할아버지가 부르는
Somewhere Over The Rainbow에 맞춰
하와이 전통춤 훌라(Hula)를 선보이는
여인의 춤사위가 보는 이들로 하여금
탄성이 절로 나오게 하였다.
중년의 여인이 표현하는 훌라춤은
손끝까지 뻗어 나오는 디테일한 에너지에
눈을 뗄 수가 없었고
그녀가 짓는 밝은 표정은
하와이의 혼을 느끼기에 충분했다.

훌라는,
하와이처럼 부드러웠고
하와이처럼 강했다.

LIVE PUB

여행 하는 곳마다 꼭 가는 곳이 있다.
바로 LIVE PUB.

한번은 이런 적이 있다.
보라카이 섬 바닷가에 즐비해 있는 라이브 펍이 있는데,
그곳에서 RAGGA라는 뮤지션을 만났고,
그는 앞줄에 앉아 있는 나에게
무대에 올라와서 같이 한 곡 부르자는 제의를 했다.

그들과 함께 어우러져서
노래를 한 곡 멋있게 뽑고 싶었으나
부끄러움을 핑계로 나는 올라서지 못했다.

그 일이 한동안 용기없던 나를
자책하게 하였다.
한국으로 돌아와서는 팝송을 더 연습했다.
이미 스스로 아주 좋은 추억을 남길
기회를 제 발로 차버렸으나,
다음은 놓치지 않겠다는 의지가 강했다.
그 이후로 LIVE PUB 에 갈 때면
작은 무대 위에서 노래 한 곡 멋들어지게 뽑아내는
나를 늘 상상한다.

상상은 곧 현실이 되니까.

KONA COFFEE

꽃향기와 과일향이 은은하게 퍼지는 KONA COFFEE,
커피를 잘 내려 마시지는 않지만, 집에 하나 사 가기로 했다.
이곳이 그리울 때면 가끔, 커피향을 맡아보려고,

생각보다 많은 사람이 아침 일찍 조깅한다.
처음 보는 사람에게도 인사를 잘 건네주는 외국인들이 어색했지만,
조깅 시작한 지 10분 만에 이 동네 새로 이사 온 주민처럼
온 동네에 인사하고 다녔다.
어딜 가던 잘 살 수 있는 적응력이 뛰어난 것 같다.

LAʻALOA BAY
BEACH PARK
DEPT. OF PARKS & RECREATION
COUNTY OF HAWAII

이곳의 원래 이름은
White Sand Beach.
겨울에는 파도가 들어오면서
이곳의 하얀 모래가 사라지기 때문에
옛 하와이 사람들이
마법같이 신기하다 하여
Magic Sand Beach라는
닉네임을 붙였다고 한다.

서핑하는 방법을 배우다가
파도 속에서 마치 세탁기의 빨랫감 마냥
360도 회전을 한 후엔,
그냥 먼 발치에서 경치만 구경했다.
아무리 이곳이 천국 같다 할지라도
여기서 죽고 싶진 않았다.
순간 너무 무서웠고,
그 장면은 슬로우모션으로
아직 머릿속에 남아있다.

분명, 초보자도 쉽게
도전할 수 있는 파도라고 했는데.

부채모양의 PALM TREE.

BIKE LANE
ENDS

KONA ICE

너무 더워 나도 하나 사 먹고 싶었는데 다 큰 어른이 줄을 서서 기다리기에는
아이들이 너무 많았다. 괜스레 눈초리를 받는 것 같기도 하고….
아이들의 세계인 것 같아서 뒤로 물러나 사진만 찰칵.

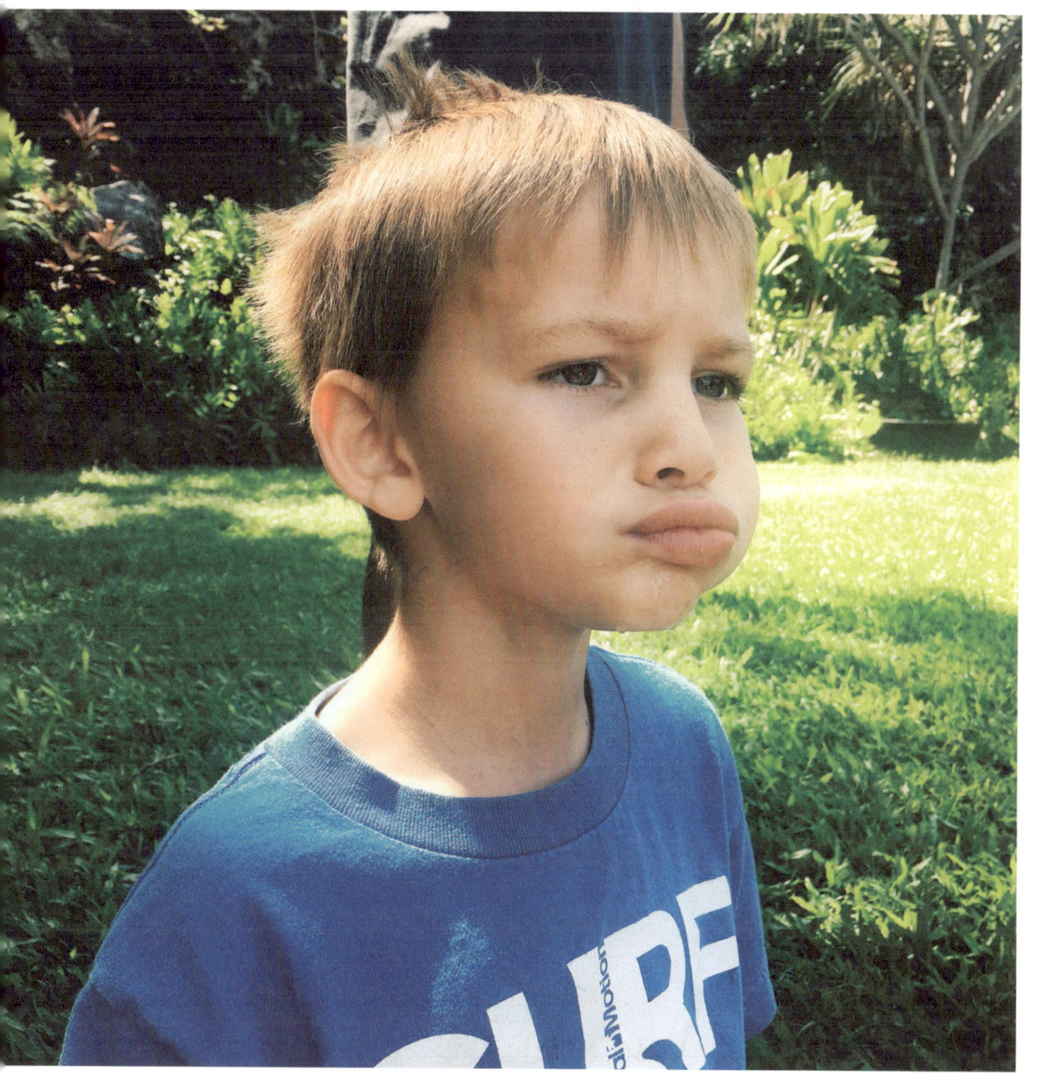

여기 있던 수박,
누가 다 먹었죠?

하와이의 손 인사 샤카(shaka) 포즈를 취하는 조사야와 타이리.
샤카는 상대방의 좋은 하루를 기원하는 손 인사로
현지 사람들은 운전할 때도 자연스럽게 샤카를 한다.
예를 들면 기다려줘서 고맙다거나, 양보해줘서 고맙다거나!

6살 조사야(Josiah) 와 9살 타이리(Tyree)

대범한 용기를 가진 반면
눈물이 많은 조사야는
가끔 형에게 도발적인 장난을 친다.

아빠 James가 Tyree를 따로 불러 얘기한다.
아빠가 한 번은 눈감아 줄 테니,
동생이 도를 넘는다 싶으면
호되게 혼내도 된다고,
아빠는 둘 다 너무 사랑하지만
Tyree가 형으로서
존경받지 못하는 건 싫다고 말한다.

덧붙여 동생이 괴롭힘을 당하거나
곤란한 처지에 놓여 있을 땐
무조건 Family가 우선이고
동생을 지켜줘야 한다고,

James는 Good Heart를 가진
Tyree가 조금 더 강해지길 바라고 있다.

SWEET GENTLEMAN

다같이 식당에서 점심을 먹고 난 후
Tyree가 먼저 식당 문을 열고 나갔다.
뒤이어 내가 닫힌 문을 다시 열고 나가는데
저 뒤에서 James가 Tyree를 다시 불러 세운다.

"Tyree ! I thought you would hold the door for lady.!"

숙녀를 위해 문을 잡아줄 줄 알았는데
실망이라며 Tyree에게 혼을 내곤 차에 오른 James.
9살 Tyree가 멋쩍게 다가오며 생각못해서 미안하다고 말한다.
Tyree! 괜찮아, 여러모로 Auntie Moon은 너에게 감동을 받고 있어.

Sweetest family in the world.

KONA
BREWING Co.

"도와줄까?"

"아니요, 제 껀 제가 들께요"

Moon! Watch!
부기보드 실력을 보여주느라 신이난 아이들.

저기 끝에 하와이 제도 제2의 섬이라 불리는
마우이(Maui Island) 섬이 있다고 한다.
시야의 끝에 걸리는 게 많은 도시에선 멀리 보는 일이 다소 힘들다.
그래서 그런지 나는 마우이가 보이지 않는데
James는 보이는 것 같다.

AUNTIE MOON! 타이리, 조사야와 같이 지내면서 문득, 내가 아이들을 돌봐주고 챙겨주는 것이 아니라, 내가 그들의 보살핌을 받고 있다고 하는 생각이 들었다. 재밌고 신기하다 싶은 것이 눈에 띄면, 'MOON.!'을 외치기 바빴고, 이곳에서의 생활을 설명하며 Auntie Moon이 같이 느껴주길 바랐다. 그렇게 점점 아이들이 설명해주는 하와이에 빠져들고 있었다.

같이 있는 내내 우리의 노래는 끊이지 않았다.

▶ 'Cheerleader' by Omi

sand play 명랑하게 생긴 여자아이 한 명이 모래를 뚝딱뚝딱 만지더니 아름답게 누워있는 인어공주를 만들어 놓았다. 모닥불을 작게 지피고 강아지와 뛰어놀던 하와이 가족, 강아지의 이름은 비키니.

'비키니는 매우 착한 강아지에요.
하지만 우리와는 다르게 발톱이 강해서
뜻하지 않게 아프게 할 수도 있으니 조심하길 바라요.'

먼발치에서 지켜보던 비키니의 주인 할아버지가
타이리와 조사야에게 살짝 언질을 준다.
자연스럽게 다름을 인정하며
동물과 같이 사는 삶을 택한 사람들이 있다.
다른 생명체와 대화가 아닌 느낌으로 소통하는 그들,
대자연 속에서의 그런 삶은 더할 나위 없이 부러웠다.

'BIKINI, RUN.!'
뛰기를 좋아하는 비키니.
비키니는 아이들과 수영을 하고,
공놀이하면서도 깊은 물로 들어가게 되는 아이들을
다시 물가로 내몰았다.
아이들과 놀아주는
착하고 똑똑한 강아지 비키니,
반가웠어!

Take You Where You Wanna Go

Private Beach,
빅아일랜드 북쪽 끝에 위치한 해변으로
로컬사람만 알고 있다.
근처 공원에 차를 주차하고
20여 분 걸어야 나타나는
해변이기 때문에
하와이 곳곳을 알기 어려운
관광객의 경우 이곳을 찾아보기 힘들다.

수풀로 우거진
완만한 산등성이 같은 곳을
헤집고 지나가다 보면
그제야 길다운 길이 나온다.
한참 걷는데 가시 같은 것에 발이 찔려
슬리퍼를 살펴보니 두꺼운 가시가
슬리퍼를 뚫고 박혀있었다.

옛날 하와이 원주민들에게
신발을 신기기 위해서
이곳을 점령하려던 사람들이
가시나무를 심어놓았었는데
아직 그 잔재가 남아있는 곳이 있다고
조심하라며 james는 얘기한다.

옛이야기가 아직 남아있는 이곳.

사진 찍느라 뒤쳐지는 나를 매번 기다려주는 Tyree.

내가 사랑하는 이곳 아일랜드

Hello Darling, 나 여기 있네요. 날 찾았나요. 작은 기계 속에 갇혀 사는
내가 싫어서 잠시 떠난 거예요. Don' worry too much, I love this place so much,
회색의 도시에 나를 끌어당기지는 마세요, 색깔이 물드는 이 아일랜드가 좋아요.

오래 전에 써놨던 가사에 흥얼흥얼 멜로디를 붙이기 시작했다.

Moon! There's a cat.

긴 머리 높이 묶고 요술봉 휘두르며 빨주노초파남보 동그라미 풍선을 타고 행복 나눠주는 천사
소녀 네티로 빙의해 돌멩이를 고슴도치 삼아 온 동네를 거침없이 다니던 나는 온데간데 없고,
자연과 너무 멀어져 버린 다 큰 성인 여자가 조사야를 따라가지 못해 혼자 야단법석이었다.

호기심 많은 나이,
둘 다 여섯 살.

He Always Takes Me To Fairytale.
어릴 때가 생각나곤 했다. 동화 속에 살던 그때가,

Hey,

너구나,

조사야가 보여준다던,

안녕 루나야!

Heading To South Point.

#포바문 포토 바이 문(photo by moon) 이라는 뜻으로 가끔 인스타그램에 내가 찍은 사진을 포스팅할 때마다 붙이는 해시태그이다. SNS에 나만의 공간을 만드는 일이 좋다. 그렇게 하나둘 모인 #포바문 사진의 반응이 나쁘지 않아 사진 찍는 일을 계속 해보려고 한다. 많이 부족하고 서툴겠지만, 내가 표현하고자 하는 사진을 나만의 프레임으로 담아, 보는 이에게 좋은 에너지를 줄 수 있다면….

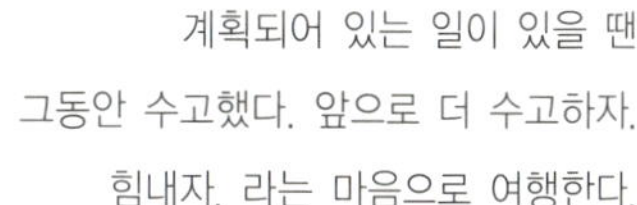

갈림길

계획되어 있는 일이 있을 땐
그동안 수고했다. 앞으로 더 수고하자.
힘내자. 라는 마음으로 여행한다.

그러나
어떠한 갈림길에 서 있을 때의 여행은
조금 복잡한 형태로 채워져 간다.

당장 무언가를 깨닫고
해답을 찾길 바라며
나를 재촉한다.

하지만
그것은 머릿속 생각들에
압력만 넣을 뿐
그다지 소용이 없다.

우리는
조금 더 많은 시간이 필요하다.

Waiting For Auntie Moon

사진을 찍고, 영상을 찍는 나를 천천히 기다려준다.
야외 화장실 앞에서 기다려주는 사람도 언제나 아이들이었다.
내가 많이 불안한 걸까?
작지만 듬직한 조사야의 뒷모습.

절벽 끝에 자연스러운 컷을 원했지만,
가당치도 않다.
서 있자니 자꾸 바람이 등을 미는 것 같고,
앉아 있자니 다시 일어설 수가 없다.

South Point. 미국 전역을 통틀어 가장 남쪽 끝. 다이빙을 즐기는 사람들이 많이 찾는 곳이다. 고프로를 손에 쥐고 뒤로 점프를 하는 다이버는 SNS에서 유명한 Cliff diver였다. south point는 정말 끝이 보이지 않는 광활한 광경 그 자체였다. 절벽 끝자락에 다들 모여 누군가가 틀어놓은 음악을 즐기며 대자연이 주는 선물을 만끽하고 있다.

믿을 수 없이 투명한 바다가 보였다.

좋은 곳에 가면 꼭 같이 오지 못한 사람들이 아쉽다.

SWEET REMEDY

라디오를 틀면 한 번씩은 꼭 나오던 노래,
Maoli의 Sweet Remedy.
2016년 발매한 싱글앨범으로 올해 내내 많이 들리는 곡인 듯하다.
하와이와 잘 어울리는 SWEET REMEDY

Heading to Hilo

Old Volcano Rd.

HAWAII
VOLCANOES
NATIONAL PARK
NATIONAL PARK SERVICE
Department of the Interior

Aloha!
KA'U
HERITAGE CORRIDOR

"I'm gonna miss you a lot, Josiah."

"Me too."

여섯 살 지금의 작은 조사야가 많이 그리울거야.
밥말리를 가장 좋아하는 조사야,

쉿, 천사가 자고 있어요.

writing on

글을 좋아한다.
말로 하는 것보다,
글을 쓰는 것을 더 좋아한다.
말이라는 것은
뜻하지 않은 얘기를 해도
Delete 기능을 사용할 수 없기에
누군가에게 상처를 줄 수도 있고,
하고자 하는 얘기가 뱅뱅 돌아
결국 내 마음을 온전히 전하기가
힘들어질 때가 있다.

서툴러도
말보단
글을 쓰려 한다.
꾹꾹 눌러 담아
마음을 전하는 일을
한 번 더 생각하고

내 글을 볼 그대의 얼굴을
한 번 더 떠올리며
조심스럽게
그렇게,

보고 싶었다.
전하고 싶다.

가장 원시적인 모습을 보기 위해,

지나가다 보면 따뜻한 유황 스팀이 나오는 스팀 벨트가 있다.

RENT ME!
LAVA
BIKE
TREK
MARIN

자전거를 대여해 주는 곳에서 용암으로 만든 액세서리를 판매하고 있다.

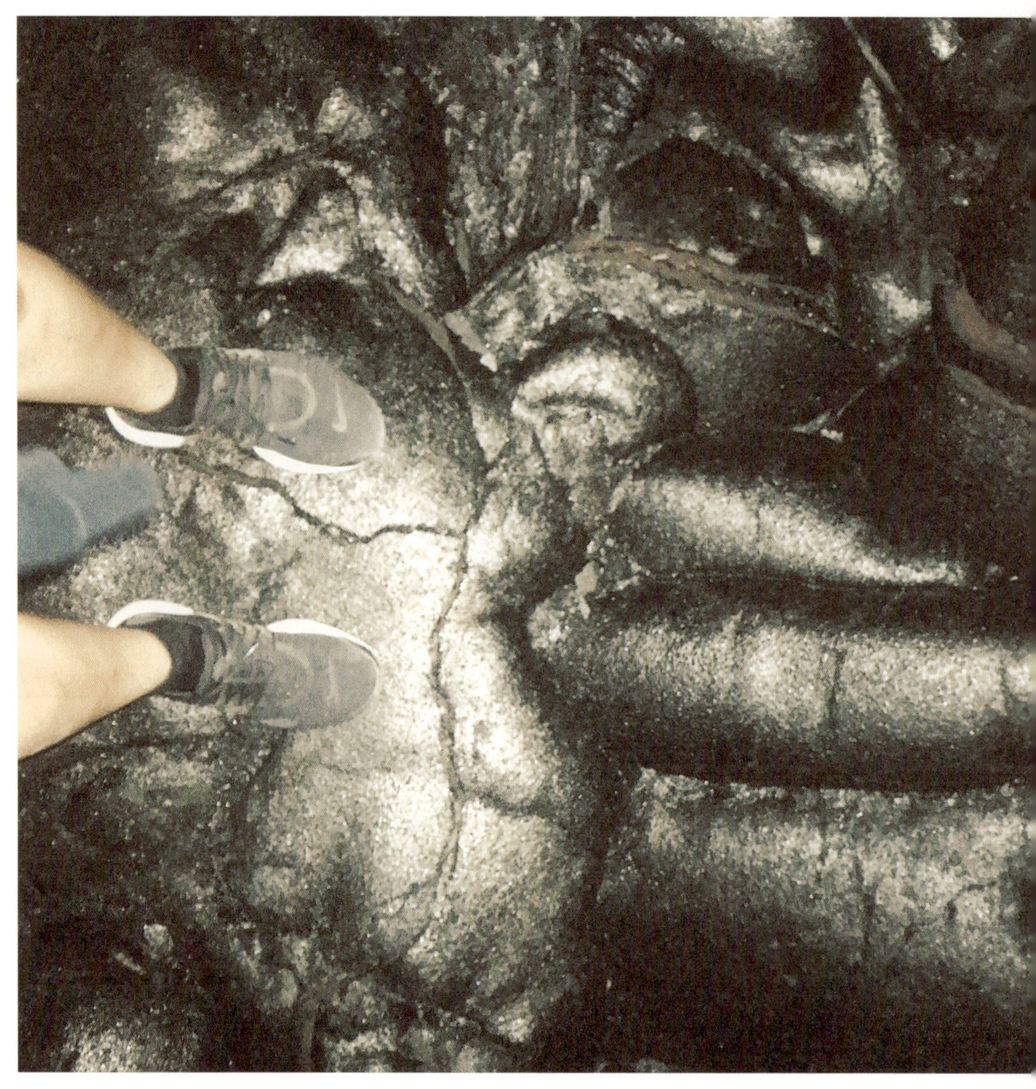

온 마을을 뒤덮었던 용암이 굳어 있다.

Kalapana Lava flow

용암이 바다로 떨어지는 장면을 볼 수 있는 곳.
자동차로 더는 진입 불가한 곳까지 가면
주차를 해두는 곳에 자전거를 대여해주는 곳이 있다.
그곳에서 자전거를 빌려 꽤 긴 거리를 달렸다.
자전거에 붙어있는 손전등 하나로 길을 가늠하며,
자전거를 타기도 하고 조금 지치면 걸어가기도 하고,
밤 9시가 훌쩍 넘어서야 3분의 2지점에 다다랐다.

우와, 정말 다왔나보다.
자전거를 페달을 더 빨리 밟으며
긴장되는 마음을 다스려 보려했으나
더 두근댄다.
시야에 빨간빛과 스모그가 보이기 시작하고
조금 전보다 기온이 따뜻하다.
안전띠로 막힌 곳에 자전거를 세우고 용암을 가까이 보기 위해
굳어진 용암 위를 걸어 끝자락에 도착했다.

사람이 많이 빠지고 몇 명 없는 터라 북적대지 않고
한산하게 용암의 모습을 볼 수 있었다.
용암을 지켜보는 사람들은 암묵적으로
조용히 자연을 느끼고만 있었다.
어떤 이는 요가자세로 명상을 하고
어떤 이는 영상으로 이곳의 분위기를 담고 싶어 했다.

하늘과 용암, 파도를 번갈아 보았다.
내 눈앞에 보이는 장면들이 묘했다.
살아있는 지구의 모습을 이렇게 가까이 보게 되다니,

거침이 없었다.
흘러나오는 용암도 그에 부딪치는 파도도.

달빛이 내리는 앞쪽은 끝이 보이지 않았고
한쪽 옆엔 바다, 주변은 용암이 식은 길이었다.
춥지도 덥지도 않은 완벽한 온도를 담은
캡슐에 들어있는 것 같아 자꾸 피부를 살펴보게 된다.
하늘엔 빽빽하게 반짝이고 있는 별들이 있었다.
들고 있던 손전등의 불을 다 끄고
가던 길을 멈춰 느끼던 용암 길의 기운이 아직도 생생하다.
주변은 모두 암흑이었지만 달빛만으로도
상대방의 모습을 볼 수 있었다.
내가 보고 느낀 것을 카메라에 담아내지 못하는 게 늘 아쉽다.
용암을 보러 갈 때는 카메라 드는 것을 포기할 수밖에 없었다.
찍어도 표현이 되지 않아 자꾸 카메라를 내렸다.

모든 것이 완벽했다.
달빛에 보이던 서로의 모습이 신기해
웃던 시간을 영원히 기억할 수밖에.

하와이는 레게의 섬.
여기저기서 레게음악이 흘러나온다.
다양한 로컬 레게 라디오 스테이션이 있는데,
여행 중 내가 듣던 라디오 채널은
93.1 Da Pa'na와 Island 98.5
재밌는 광고까지 들을 수 있다.
운전하는 시간 지루하지 않고
로컬의 기운을 느끼고 싶다면 ,
Radio Turn Up.!

Take your time

어떤 날은 푸짐한 식사로 어떤 날은 소박하게만, 편의점 도시락으로 끼니를 때우고, 미리 준비해 둔 과일로 배를 채우고, 급하지 않은 식사시간이 참 오랜만이다. 달리는 차안에서 김밥으로 끼니를 때우는 일, 식사시간을 놓쳐 식은 도시락으로 배를 채우는 일, 팬들이 준비해준 건강도시락을 다 같이 나눠 먹은 일, 모두가 모여 다양한 종류의 음식을 시켜 뷔페처럼 먹었던 일. 여유로운 아침을 보내고 있는 동안 지난 일들이 스쳐지나갔다. 때로는 시간에 **쫓겨**, 때로는 북적거리던 우리들의 시간이 드문드문 생각 날 것 같다.

길모퉁이를 도는데 고양이를 만났다.

Letter from Moon 잘 지내고 있니? 처음 건넸던 그 어색한 인사를 아직 기억하고 있다. 우리라는 울타리 안에 즐겁고 행복했던 추억이 기분 좋은 장면으로 남아있다. 지금은 서로의 안부를 묻기보단 먼발치에서 보이지 않는 각자의 미래를 응원해 주며 지내고 있지만 우리 곧 또 만나자, 그때의 우리로 가끔 돌아가자.

It was a long long trip,

길고도 긴 여행이었습니다.

—BYE MY TWENTIES,

THE STABLES

► 'Every thing' s Alright' by Laura Shigihara(To the moon O.S.T)

Passport+Film camera

오래오래,

재밌는 거 많이 하면서,

또 다른 여정을 함께,

From, Beonka

We are so glad you came.
Josiah prayed last night that Auntie Moon
would come back on Wednesday
(He has a half day of school then!).
From, Beonka

한국행 비행기를 타기 바로 전
조사야의 엄마 비앙카로부터 메시지를 받았다.
지난밤 조사야가 Auntie Moon이
수요일 와주길 기도하고 잤다고.
그 날은 조사야가 학교를 일찍 마치는 날이기 때문에
Auntie Moon과 탐험을 하기 좋은 날이었다.

짧지만 강렬했던 만남을 뒤로하고
내가 있던 자리로 돌아오는 길이 아주 무거웠다.
이별은 이별일 수밖에 없지만
아쉽고 저린 마음이 드는 건 어쩔 수가 없다.

Time to go Home

상공 어디쯤인가에서
손목시계의 시간을 다시 맞췄다.

19시간 앞으로,
돈테그만의 시간여행은 여기까지….

모야, 안녕?
오랜만이야.

들려줄 긴 이야기가 있어,
그 전에 잠깐, 눈 좀 붙이자.

아직도 꿈을 꾸는 거 같아 조금 더 자려구요.

그렇게 이틀을 푹 쉬었습니다.

Home Sweet Home :)

무덤덤한 마음으로 시작한 여행은
내게 얼마 전의 지난날이 아닌
아주 아주 먼 지난날을 회상하게 하였다.

보여지는 직업에,
완벽함을 추구해야만 했던 시간 속에
스스로 만든 '예민'이라는 칼날은
다른 이를 아프게 할 때도 있었고
내게 부메랑처럼 돌아와
다시 나를 아프게 하곤 했다.

Remedy,
여행이 다 끝나고 나서야 내가 찾으려고 했던 건,
다시 시작할 용기도
스스로 던진 무한한 질문에 대한 답도
아니었다는 걸 알았다.

나에게 필요한 건 시간,
나를 치유해줄 시간,
앞으로의 한발을 조금 더 건강하게 내딛기 위한.

Special Thanks to.
지나간 시간을 조금 더 뜻깊게 새겨준,
본인들이 얼마나 특별한지 모른 채
하와이에 사는
James family에게 고마움을 전하고 싶다.

sweet 향 기 로 운   치 유

remedy

스위트 리메디 특별판

펴낸날   초판1쇄 인쇄 2017년 01월 11일

         초판1쇄 발행 2017년 02월 01일

지은이   문현아

펴낸이   최병윤

펴낸곳   알비

출판등록 2013년 7월 24일 제315-2013-000042호

주소   서울시 마포구 동교로 18길 33, 202호

전화   02-334-4045

팩스   02-334-4046

이메일   sbdori@naver.com

종이   일문지업

인쇄   (주)알래스카 인디고

제본   광우제책사

ⓒ문현아

ISBN   979-11-86173-35-0 (13980)